Modellieren
Ideen und Anleitungen

S. Feghelm, S. Reichardt

Modellieren

Ideen und Anleitungen

ENGLISCH E VERLAG

Die Deutsche Bibliothek – CIP-Einheitsaufnahme
Modellieren: Ideen und Anleitungen/Stephanie Feghelm, Silke Reichardt, –
Wiesbaden: Englisch, 1998
ISBN 3-8241-0818-6

© by Englisch Verlag GmbH, Wiesbaden 1998
ISBN 3-8241-0818-6
Titelbild Frank Schuppelius, Fotos Frank Schuppelius, Susanna Héraucourt-Multer
Printed in Spain

Die Ratschläge in diesem Buch sind von den Autorinnen und dem Verlag sorgfältig erwogen und ge-
prüft, dennoch kann eine Garantie nicht übernommen werden. Eine Haftung der Autorinnen bzw.
des Verlages und seiner Beauftragten für Personen-, Sach- und Vermögensschäden ist ausgeschlos-
sen. Eine gewerbliche Nutzung der Vorlagen und Abbildungen ist verboten und nur mit ausdrückli-
cher Genehmigung des Verlages gestattet.

Inhaltsverzeichnis

Vorwort

Sich Zeit nehmen, Muße haben und dennoch kreativ sein – all diese kleinen Träume verwirklichen sich beim Gestalten mit Modelliermassen.

Bringen Sie Atmosphäre in Ihr Haus: Harmonische Abstimmung von Möbeln und Stoffen, Holz, Terrakotta, Trockenblumen und natürlich viele liebevoll selbst modellierte Accessoires, die den Gesamteindruck erst so richtig abrunden.

Das Schöne an unseren Modellierideen ist, dass sich die Formen auf das Wesentliche, auf einfache und klare Strukturen beschränken.

Das beflügelt das natürliche Bedürfnis nach Kreativität und schafft die Möglichkeit, die ganze Familie in das Gestalten miteinzubeziehen.

Betrachten Sie unsere Ideen als Anregungen und lassen Sie Ihrer Phantasie freien Lauf.

Wir wünschen Ihnen viel Spaß beim Modellieren!

Silke Reichardt und Stephanie Feghelm

Grundsätzliches

Modelliermassen und ihre Eigenschaften

Salzteig

Um einen Salzteig herzustellen, braucht man folgende Zutaten:

400 g Mehl
300 g Salz
½ Esslöffel einfachen Tapetenkleister
gut verrühren und anschließend einen
¼ Liter Wasser
hinzugeben. Alles gut durchkneten.

Den Teig 1-2 Stunden ruhen lassen, damit sich die Salzkristalle auflösen können. Am besten arbeitet man auf Backpapier, da vor allem die größeren Teile auf diese Weise problemlos in den Backofen befördert werden können.
Die Backtemperatur liegt bei ca. 130 Grad Celsius und beträgt je nach Teigstärke etwa 2-4 Stunden.

Soll das Motiv nicht mehr angemalt werden, so streicht man es kurz vor Garende ganz dünn mit Speiseöl ein. Dadurch erhält das modellierte Teil eine schöne braune Färbung.
Salzteigfiguren dürfen nicht an der Luft trocknen, da sich die Oberfläche verhärtet. Der Teig bleibt auch nach dem Backen innen weich.

Wichtig: Figuren niemals mit feuchten Tüchern abdecken, da sich der Salzteig „auflöst" und die Konturen verschwinden. Am besten streicht man die Figuren während der Arbeit dünn mit Wasser ein.

Gut verschlossen ist der Teig ca. 1 Woche im Kühlschrank haltbar, feuchtet aber nicht. Daher muss man gegebenenfalls noch Mehl unterkneten.
Salzteig lässt sich am besten bei Zimmertemperatur verarbeiten.

Softknete

Eine weitere Modelliermasse ist die Softknete.
Sie ist sehr weich, einfach zu bearbeiten, und ist nach dem Aushärten an der Luft äußerst stabil.
Allerdings ist es nicht ganz einfach, damit ganz glatte Oberflächen herzustellen. Mit der Zugabe von Wasser muss man vorsichtig sein, da die Masse sonst sehr schmierig wird.
Kleidungsstücke, Hände und Werkzeug lassen sich aber erfahrungsgemäß problemlos reinigen.
Der absolute Vorteil dieser Modelliermasse liegt in ihrem Eigengewicht. Es beträgt weniger als ein Fünftel aller herkömmlichen lufttrocknenden Massen.

Lufttrocknende Modelliermassen

Weiterhin eignen sich für alle Modellierarbeiten lufttrocknende Modelliermassen. Sie werden wie Ton bearbeitet, brauchen aber nicht gebrannt werden. Die Trocknungszeit liegt je nach Stärke zwischen 1 und 3 Tagen.

Backton

Backton lässt sich wegen seiner Geschmeidigkeit ausgezeichnet verarbeiten. Nach vollständigem Trocknen wird er bei 130 Grad Celsius ca. 30 Minuten oder länger (je nach Stärke) gebacken.

Nachteil: Ein nicht ganz preiswertes Material, das vor dem Brennen zudem äußerst bruchempfindlich ist.

Teile miteinander verbinden

Fast alle Motive werden in Einzelstücken modelliert und anschließend zu einem Teil verbunden. Die Verbindung von flachen Teilen erfolgt immer nach dem gleichen Schema: Die „Klebestellen" werden mit Wasser angefeuchtet und mit einem spitzen Werkzeug angeraut.
Jetzt nochmals anfeuchten und leicht zusammendrücken. Dabei nur soviel Druck ausüben, dass sich die Teile nicht verformen.

Größere Teile schlickert man am besten zusammen. Den Schlicker stellt man sich aus sehr wenig Modelliermasse und viel Wasser her. Beide Teile werden nach dem Aufrauen damit eingestrichen und anschließend zusammengedrückt.

In den Arbeitsanleitungen gehen wir nicht weiter darauf ein, sondern schreiben hier befestigen, schlickern oder kleben.

Werkzeuge und Schablonen

Nachstehend finden Sie all jene Werkzeuge aufgelistet, die Sie am häufigsten für Ihre Arbeit brauchen. Bei den einzelnen Anleitungen ist außerdem noch das jeweils benötigte Material detailliert aufgelistet. Sie benötigen:

- Modellierhölzer
- 1 Stricknadel
- 1 Schaschlikspieß

- 1 Zahnstocher
- Ausstechformen
- 1 Gabel
- 1 Kartoffelschälmesser
- 1 Nudelholz
- 1 Schleifschwamm
- Pinsel
- Farben
- Klebstoff

Schablonen anfertigen

Um Schablonen anzufertigen, übertragen Sie das Motiv von der Vorlage auf Architektenpapier. Das Papier wird anschließend mit der Bleistiftzeichnung nach unten auf eine Pappe gelegt.

Fahren Sie nun die vorgezeichneten Linien des Motivs nochmals nach und schneiden Sie dann das Motiv aus der Pappvorlage aus.

Dekoratives Modellieren

Rosenbäumchen

Rosen, die niemals verblühen und dann noch in der dekorativen Farbe Blau, muss man sich schon selber modellieren.

Material:
- lufttrocknende Modelliermasse in Weiß
- Bastellack in Dunkelblau
- Bastelfarbe in Grün
- 1 Styroporkugel
- 1 Tontopf
- künstlicher Efeu
- Schaschlikspieße
- Pinsel

Anleitung:
Rollen Sie die Modelliermasse ca. 0,5 cm dick aus und umkleiden Sie damit die Styroporkugel. Stechen Sie mit einem Schaschlikspieß dort Löcher hinein, wo später eine Rosenblüte erscheinen soll. Stechen Sie lieber ein paar Löcher mehr, diese werden später mit Efeu abgedeckt.

Nach dem Trocknen bemalen Sie die Kugel mit der grünen Farbe.

Die Rosenköpfe modellieren Sie je nach Größe aus sieben bis zehn Einzelblättern. Zuerst formen Sie eine kleine Kugel, an der Sie die einzelnen Rosenblätter befestigen. Für ein Rosenblatt formen Sie jeweils wieder eine kleine Kugel, die Sie zwischen Daumen und Zeigefinger ganz flachdrücken. Befestigen Sie die Einzelblätter an der Kugel immer gegenüberliegend und zupfen Sie diese zurecht, bis die Form einer Rose entstanden ist. Befestigen Sie die fertige Rose

auf einem Schaschlikspieß. Bemalen Sie nun den Tontopf mit dem Bastellack. Verwässern Sie anschließend den Lack im Verhältnis 2 Teile Farbe und 1 Teil Wasser. Nach dem Trocknen der Rosen werden diese in die Mischung getaucht.

Ist die Farbe trocken, können Sie die Spieße verkürzen und in die vorgebohrten Löcher kleben. Die Zwischenräume verzieren Sie mit dem Efeu. Für die Befestigung des Dekomaterials eignet sich hervorragend eine Heißklebepistole. Nun können Sie die Kugel im Tontopf befestigen.

Blumenstecker

Material:
- lufthärtende Modelliermasse in Weiß
- Bastelfarben in Weiß, Gelb, Rosa und Schwarz
- Patina in Braun
- Rundholz
- Kokosfaser
- Schleifenband
- Bastelfarbe in Grün
- Pinsel

Anleitung:
Rollen Sie die Modelliermasse aus und übertragen Sie die Figurenvorlagen. Schneiden Sie die Formen mit einem Messer aus. Strukturen setzen Sie mit einer Stricknadel oder einem Strukturzieher.

Der Flügel der Gans wird einzeln gearbeitet und angeschlickert.
Nach dem Trocknen werden die Teile bemalt.

Damit das Schwein etwas „schmuddelig" wirkt, wird es noch patiniert.

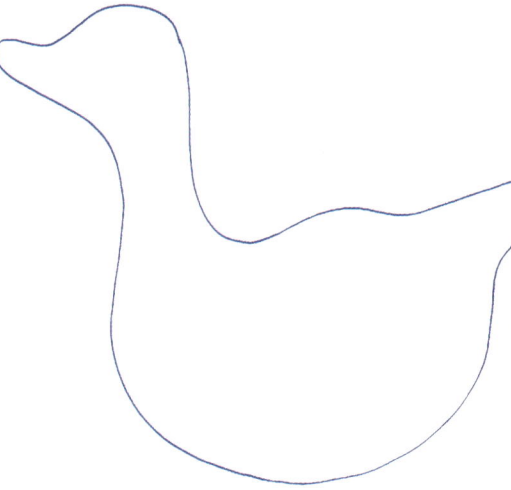

Breite 14 cm

An der Rückseite wird ein Rundholz befestigt und mit Schleifenband und Kokosfaser verziert.

Breite 17 cm

Blütenkranz

Dieser dekorative Kranz eignet sich für die Wand, für die Tür und auch für das Fenster.

Material:
- lufthärtende Modelliermasse in Weiß
- Bastelfarbe in Weiß, Gelb, Blau und Grün
- künstlicher Kranz aus Buchsbaum
- Schleifenbänder
- Schaschlikspieß
- Pinsel

Anleitung:
Stechen Sie für jede Blüte 5x das Herz aus. Befestigen Sie die Spitzen auf einer flachgedrückten Kugel. Ordnen Sie die Blütenblätter überlappend an, und schieben Sie das letzte unter das erste Blatt (s. Abb.).

Die Staubgefäße stellen Sie aus einer flachgedrückten Kugel her. Stechen Sie hierfür mehrmals mit der Spitze eines Schaschlikspießes in die weiche Modelliermasse.

Fertigen Sie gemäß der Vorlage ein paar Blätter an und ritzen Sie die Blattadern ein. Nach dem Trocknen können Sie die Blüten und Blätter bemalen.

Nehmen Sie zum Schluss noch mal ganz wenig weiße Farbe auf und wischen den Pinsel in ein Papiertuch. Nun gehen Sie mit dem Pinsel ganz leicht über die Blütenspitzen.

Kleben Sie die Blüten und Blätter in den Kranz, und arrangieren Sie die Schleifen.

Zitronendekoration

Einen frischen Raumschmuck für die Küche oder den Wintergarten stellen wir Ihnen mit der nachfolgenden Dekorationsidee vor.

Material:
- 3 kleine und 2 größere Styroporkugeln
- Modellierholz
- lufttrocknende Modelliermasse in Weiß
- Bastelfarbe in Gelb
- Sprühlack, glänzend
- Jutekordel
- Karoband
- Efeublätter
- Pinsel

Anleitung:
Rollen Sie die Modelliermasse flach aus und umkleiden Sie damit die Kugeln. Modellieren Sie die Enden einzeln an. Verstreichen Sie die Übergänge sorgfältig und drücken Sie die Strukturen ein (s. Abb.). Stechen Sie in die Enden ein kleines Loch.

Nach dem Trocknen werden die Zitronen bemalt und mit den Dekomaterialien verziert.

Tipp: Dieser Schmuck lässt sich leicht abgewandelt auch als Eier, Orangen, Knoblauch, Zwiebeln etc. umsetzen.

Blumenkranz

Ein schlichtes, aber sehr ansprechendes Wohnaccessoire für die Wand stellt dieser terrakottafarbene Blütenkranz dar.

Material:
- lufttrocknende Modelliermasse in Terrakotta
- Schleifenband
- Aufhänger

Anleitung:
Rollen Sie den Ton ca. 0,5 cm dick aus. Schneiden Sie daraus einen Ring, auf dem Sie die Blätter und Blüten befestigen. Formen Sie Blätter in verschiedenen Größen und ritzen Sie die Blattadern ein. Für die Blüten modellieren Sie jeweils fünf Kugeln, die Sie ganz flachdrücken. Schlickern Sie diese zur Blüte zusammen und formen Sie die einzelnen Blütenblätter ein wenig nach oben. Nach dem Trocknen befestigen Sie einen Aufhänger von hinten sowie eine Schleife von vorne.

Rosenwandkorb

Diese Rosen verblühen nie. Eine wunderschöne Wanddekoration – nicht nur für die Küche.

Material:
- Salzteig
- Karoband in Grün
- Satinband in Grün

Anleitung:
Rollen Sie eine Grundplatte aus, auf die der Korb aufgebaut wird. Flechten Sie zwei Zöpfe aus jeweils drei Strängen (s. Abb.).

Befestigen Sie diese am unteren Teil des Korbes.

Drehen Sie zwei Stränge zur Kordel (Henkel) und verbinden Sie die Enden mit der Grundplatte (s. Abb. S. 19).

Rosen:
Fertigen Sie sich einen Strang an und teilen Sie diesen in gleich große Stückchen. Das Mittelstück der Rose ist doppelt so groß wie die anderen Teile.

Formen Sie daraus Kugeln und drücken Sie diese ganz flach zusammen. Rollen Sie nun das Mittelstück auf und platzieren Sie darum die Rosenblätter.

Schneiden Sie nun die grünen Blätter aus dem Salzteig aus und ritzen Sie die Blattadern ein. Arrangieren Sie alles zu einem dekorativen Blütenkorb. Die Backzeit im Backofen beträgt 4-5 Stunden.

Die Schleifen werden einzeln gebunden und an den Korb geklebt.

Pilze

Ein wunderschönes Accessoire für die Fensterbank im Herbst sind diese der Natur nachempfundenen Pilze.

Material:
- lufttrocknende Modelliermasse in Weiß
- Zahnstocher
- Bastelfarbe in Elfenbein, Hellbraun und Dunkelbraun
- Pinsel

Anleitung:
Aus einer Kugel wird der Stiel geformt. Hier können Sie wählen zwischen kurz und dick oder lang und dünn. Auch den Pilzköpfen können Sie verschiedene Formen geben. Zuerst formen Sie eine Kugel. Drücken Sie mit dem Daumen ein großes Loch in die Mitte. Formen Sie davon ausgehend die Ränder.

Verbinden Sie Stiel und Kopf mit einem Zahnstocher. Nach dem Trocknen kleben Sie beide Teile fest zusammen.

Nun werden die Pilze in den entsprechenden Farben bemalt.

Tipp: Beim Vermischen von Elfenbein und Braun erhalten Sie Brauntöne in verschiedenen Abstufungen und einen natürlichen „Samteffekt".

![Blütenkerzenlicht]

Blütenkerzenlicht

Warum nicht mal eine Aster als Kerzenlicht modellieren? Als farbenfrohe Dekoidee setzt sie leuchtende Akzente.

Material:
- lufttrocknende Modelliermasse in Weiß
- Bastelfarbe in Gelb und Orange
- 1 Teelicht
- Pinsel

Anleitung:
Formen Sie die Blütenblätter in verschiedenen Größen. Dazu drücken Sie je Blüten-blatt eine Kugel flach und ziehen sie gleichzeitig zur Elipse auseinander.

Schlickern Sie die Blätter sternförmig auf einen flachen Kreis aus Modelliermasse. Fangen Sie mit den größten Blütenblättern an. Die kleinsten bilden das Blüteninnere. Lassen Sie von der Grundplatte jedoch so viel frei, dass ein Teelicht darauf Platz hat.

Nach dem Trocknen können Sie die Blütenblätter in verschiedenen Gelb- und Orangetönen, die Sie durch Mischen der beiden Farben herstellen, bemalen.

Früchte

Saftig, süß und fruchtig, eine Dekoidee mit vielen Einsatzmöglichkeiten.

Material:
- lufttrocknende Modelliermasse in Weiß
- 2 Styroporkugeln
- 1 Styroporei (Zitrone)
- Bastelfarbe in Gelb, Orange, Hellgrün und Dunkelgrün
- Modellierholz
- Pinsel

Anleitung:
Bei allen drei Obstteilen haben wir den „Kern" aus Styropor gewählt.
Die Teile werden dadurch nicht so schwer und trocknen schneller. Rollen Sie hierfür die Modelliermasse ca. 0,5 cm dick aus und umkleiden Sie damit das Styroporteil. Bei der Orange und der Zitrone wird die Oberfläche mit einem Modellierholz strukturiert.
Der Apfel wird glattgestrichen.
Für den Apfel und die Orange benötigen Sie jeweils zwei Blätter in verschiedenen Größen sowie einen Stiel. Ritzen Sie in die Blätter die Adern ein. Schneiden Sie für die Befestigung der Stiele und Blätter ein Loch in das Styroporteil.
Bei der Zitrone werden die Enden anmodelliert.

Nach dem Trocknen werden die Früchte in den entsprechenden Farben angemalt.

Schöne Gebrauchsgegenstände

Kräuterschildchen

Ein praktischer Helfer auf der Küchenfensterbank sind diese kleinen Topfstecker.

Material:
- lufthärtende Modelliermasse in Terrakotta
- Patina in Weiß
- Pinsel

Anleitung:

Rollen Sie die Modelliermasse ca. 0,5 mm stark aus. Fertigen Sie sich eine Schablone in Form eines Ovales mit Stiel an. Übertragen Sie diese auf die Modelliermasse. Ritzen Sie mit der Spitze eines Schaschlikspießes die Namen ein.

Drücken Sie mit der Rückseite des Spießes die Punkte in den Rand.

Die Blätter und Blüten formen Sie aus kleinen Kügelchen.

Nach dem vollständigen Trocknen streichen Sie die Schilder mit Patina ein und wischen diese mit Papiertüchern wieder ab. Die Patina bleibt dabei nur in den Vertiefungen haften.

Kresse-Igel

Dieser Igel sorgt immer für frische Vitamine.

Material:
- Backton
- Bastelfarbe in Schwarz
- Pinsel
- Zahnstocher

Anleitung:
Kneten Sie den Teig gut durch und formen Sie ein Ei. Die Vorderfüße und die Ohren des Igels werden mit dem Daumen und den Zeigefingern herausgearbeitet. Drücken Sie die Augen mit einem Pinselstiel ein. Formen Sie die Nase zu einer Kugel und schlickern Sie diese fest. Schneiden Sie nun den Rücken ab. Arbeiten Sie die Kanten ein wenig heraus. Ziehen Sie in die nun entstandene Mulde ein paar breite Rillen. Die Stacheln werden mit einem Zahnstocher in den Igel gearbeitet. Die Augen und die Nase lassen sich mit schwarzer Bastelfarbe zusätzlich akzentuieren.

Anschließend wird das Teil bei 130 ^{0}C im Backofen gebacken.

Serviettenring

Diese dekorative Gans kann ganz leicht zum dekorativen Serviettenhalter werden.

Material:
- Gießform Gänse
- Softknete
- Serviettenring aus Holz
- Bastelfarbe in Weiß, Gelb, Blau und Grün
- Klebstoff
- Pinsel

Anleitung:
Drücken Sie die Softknete fest in die Form. Lösen Sie diese nach kurzer Zeit wieder heraus. Nach dem Trocknen bemalen Sie die Gans nach der Vorlage.

Den Serviettenring haben wir im Ton der Schleife mit angemalt. Kleben Sie nun die Gans am Serviettenring fest.

Teelichthalter

Warum nicht mal Teelichthalter in Form eines Fisches oder einer Ente?
Sie finden überall ein Plätzchen und setzen dekorative Akzente auf Tisch oder Fensterbank.

Material:

- lufttrocknende Modelliermasse in Weiß
- Bastelfarbe in Weiß, Gelb, Türkisgrün und Schwarz
- Teelicht
- Stricknadel
- Schleifenband
- Pinsel

Anleitung:
Formen Sie aus der Modelliermasse eine Kugel von ca. 8 cm Durchmesser, die Sie mit der Hand flachdrücken.

Setzen Sie in die Mitte ein Teelicht, das Sie mit einem Brettchen herunterdrücken. Bewegen Sie das Licht leicht im Kreis, um den Durchmesser zu vergrößern, da die Modelliermasse beim Trocknen schrumpft.
Formen Sie die Modelliermasse zur entsprechenden Körperform.

Kopf und Schnabel bzw. Flossen und Schwanz werden einzeln modelliert und danach angeklickert.

Die Strukturen gestalten Sie am besten mit einer Stricknadel.

Serviettenständer Kuh

Servietten gehören zwar dazu, werden aber nicht immer gebraucht. Hier kann sich jeder selbst bedienen.

Material:
- Softknete
- lufthärtende Modelliermasse in Terrakotta
- Gießform Kühe
- Bastelfarbe in Weiß, Rosa, Grün, Braun, Schwarz
- Patina in Braun
- Stricknadel
- Pinsel

Anleitung:
Drücken Sie die Softknete fest in die Form. Nach kurzer Zeit können Sie die Figur wieder lösen.

Die Grundplatte und einen Zaun fertigen Sie aus Modelliermasse an.

Grundplatte: Stellen Sie ein unebenes Oval ca. 25 x 15 cm her. Ritzen Sie mit einer Stricknadel die Grasstruktur ein.

Zaun: Formen Sie 6 Zaunteile, je 2 x 7 cm für die Stützteile, 2 x 10 cm für die Querbalken und je 1 x 6 cm und 1 x 7 cm für die abgeknickten Querbalken an.
Ritzen Sie die Holzmaserung ein, bevor Sie die Teile zusammenschlickern.
Drücken Sie für die Balken Vertiefungen in die Grundplatte und lassen Sie nun alles gut durchtrocknen.

Bemalung:

Kuh:
Grundieren Sie die ganze Kuh mit der weißen Farbe. Nun können Sie nach der Vorlage die Teile mit rosa und schwarzer Farbe aufmalen.

Zaun:
Grundieren Sie den Zaun mit Hellbraun. Tragen Sie anschließend die braune Patina auf und wischen Sie diese mit Papiertüchern wieder ab.

Grundplatte:
Tauchen Sie einen trockenen Borstenpinsel in die grüne Farbe und streichen mehrmals kräftig über ein Papiertuch. Malen Sie da-

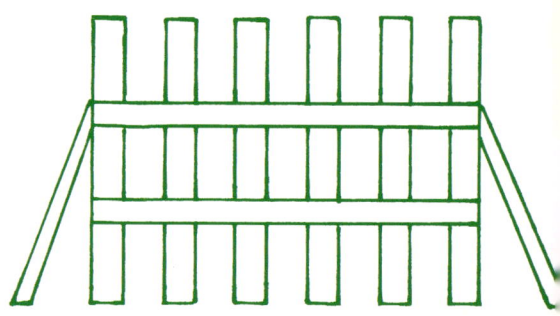

nach mit der verbleibenden Farbe quer zur Struktur. Üben Sie dabei kaum Druck aus. Malen Sie so oft über die Fläche, bis Ihnen der Farbton intensiv genug erscheint. Lassen Sie die Farbe aber immer wieder zwischendurch trocknen.

Tipp: Es empfiehlt sich hier einen Drybrush-Pinsel zu verwenden.
Nun können Sie die Teile zusammenkleben. Der Abstand zwischen der Kuh und dem Zaun beträgt ca. 5 cm.

Serviettenständer Blüten

Diesen Serviettenständer können Sie farblich zu Ihrem Geschirr arbeiten.

Material:
- lufttrocknende Modelliermasse in Weiß
- Bastellack hier in Blau
- Pinsel

Anleitung:
Fertigen Sie sich aus einem Stück Papier mit den Maßen 25 x 25 cm eine Schablone an. Falten Sie dazu das Papier einmal zum Dreieck. Legen Sie es mit der Spitze nach oben vor sich hin. Falten Sie nun die rechte Seite zur linken Seite. Falten Sie dann die obere rechte Spitze zur linken unteren Spitze. Schneiden Sie anschließend die obere linke Spitze so ab, dass eine Tüte entsteht. Falten Sie diese nochmals zusammen und schneiden Sie oben eine Wölbung nach außen rein. Rollen Sie die Modelliermasse ca. 0,5 cm aus und übertragen Sie die Form. Schneiden Sie sie anschließend aus. Nehmen Sie ein dickes Buch und umkleiden Sie dieses mit einer glatten Folie. Stellen Sie das Buch so hin, dass der Buchrücken oben zu liegen kommt.

Hängen Sie Ihren Serviettenständer zum Trocknen darüber. Lassen Sie ihn mindestens drei Tage so hängen. Erst dann ist der Trocknungsvorgang soweit abgeschlossen, dass er sich nicht mehr verzieht.

Modellieren Sie nun Blüten und Blätter in verschiedenen Formen und Größen (s. auch S. 14). Bemalen Sie diese nach dem Trocknen mit dem Bastellack und befestigen Sie sie als Arrangement auf dem Serviettenständer.

Tipp: Stellen Sie einige Blüten und Blätter mehr her und befestigen Sie diese auf einem bemalten Holz-Serviettenring.

Handtuchhalter

Ein wirklich hübscher und praktischer Halter für Ihr Geschirrtuch ist dieser selbst angefertigte Möhrenbund.

Material:
- lufttrocknende Modelliermasse in Weiß
- Hobbyfarbe in Orange und Grün
- Patina in Braun
- Draht
- Aufhänger
- Naturbast
- Holzperle
- Pinsel
- Klebstoff

Anleitung:
Formen Sie drei Möhren in verschiedenen Größen. Schlickern Sie diese zusammen. Ritzen Sie nun die Oberflächenrisse ein.

Das Wurzelkraut besteht aus einem Teil. Bringen Sie dieses gemäß der Abbildung in Form. Schlickern Sie nun die Möhren und das Kraut zusammen. Ritzen Sie von hinten eine Rille ein, in der Sie später den Draht befestigen.

Nach dem Trocknen wird der Handtuchhalter in den entsprechenden Farben bemalt und braun patiniert. Lassen Sie die Patina trocknen.

Wem das Stück nun zu antik aussieht, kann man mit den Farben Grün und Orange nochmals darüber brushen (siehe Anleitung Serviettenständer Kuh). An das Ende vom Drahthaken kleben Sie als Abschluss eine Holzperle auf.

Befestigen Sie anschließend den Drahthaken von hinten mit Klebstoff und verzieren Sie die Möhre mit Bast.

Tischdeckenbeschwerer

Mit diesen „leckeren Früchten" fliegt keine Tischdecke mehr im Sommerwind davon.

Material:
- lufttrocknende Modelliermasse in Weiß
- Silberdraht
- kleine Broschennadeln
- Zahnstocher
- Schleifenband
- Bastelfarbe in Gelb, Rot, Lila, Grün und Braun
- Pinsel
- Klebstoff

Anleitung:

Erdbeere:
Modellieren Sie aus einer Kugel die Form einer Erdbeere. Die Blätter bestehen aus einem „Sternteil". Der Stiel wird auf dem Blatt befestigt. Picken Sie mit einem Zahnstocher winzige Löcher in die Frucht.

Pflaume:
Modellieren Sie aus einer Kugel die Form einer Pflaume. Befestigen Sie daran ein Blatt und den Stiel. Ritzen Sie nun die Blattadern ein und ziehen Sie die „Naht" in die Frucht.

Apfel:
Modellieren Sie aus einer Kugel die Form eines Apfels. Fertigen Sie zwei Blätter an und ritzen Sie die Blattadern ein. Befestigen Sie diese und den Stiel am Apfel.

Schieben Sie in die Mitte der Früchte den Draht. Nach dem Trocknen werden die Früchte in den entsprechenden Farben bemalt.

Der Apfel wird halb rot und gelb bemalt. Verwischen Sie die Farben an den Nahtstellen ein wenig, dadurch entstehen weiche Übergänge.

Die Erdbeere erhält noch kleine gelbe Pünktchen. Verwenden Sie hierfür die von Ihnen vorgegebenen Löcher.
Befestigen Sie nun den Draht an der Broschennadel. Diese wird durch eine kleine Schleife verdeckt.

Türglocke

Eine ideale Ergänzung für den Garten-
eingang.

Material:
- lufttrocknende Modelliermasse in
  Terrakotta
- 1 Tontopf
- Kordel
- 4 Holzkugeln
- Wetterfeste Bastelfarbe in Rostrot

Anleitung:
Formen Sie verschiedene Blüten und
Blätter und kleben Sie diese im noch
feuchten Zustand mit Holzleim am Topf
fest.

Bemalen Sie die Holzkugeln mit der Farbe.

Nehmen Sie nun die Kordel und knoten
Sie diese zur Schlaufe. Ziehen Sie eine
kleinere Kugel auf und führen Sie die Kugel durch den Topf.

Ziehen Sie nun wieder eine kleinere Kugel
auf. Knoten Sie diese ab. Nun kann die
Kordel nicht mehr durchrutschen.

Es folgt ein weiterer Knoten kurz vor dem
Topfende. Ziehen Sie nun die große Ku-
gel auf und knoten diese ebenfalls ab.
Die Kugel, die jetzt die Funktion des
Glockenhammers übernimmt, sollte von
außen nicht zu sehen sein.

Knoten Sie jetzt die Kordel noch ein weiteres Mal ab und ziehen Sie die letzte Kugel auf. Knoten Sie diese wieder ab.

Fransen Sie jetzt den Rest der Kordel abschließend auseinander.

Muscheltopf

So kommen die liebevoll gesammelten Muscheln zu Ehren, denn in unserem Muscheltopf kommen sie bestens zur Geltung.

Material:
- lufttrocknende Modelliermasse in Weiß
- Tontopf
- Muscheln

Anleitung:
Tragen Sie die Modelliermasse relativ dick sowohl von außen als auch von innen am Tontopf auf.

Feuchten Sie die Muscheln an und drücken Sie diese tief in die Modelliermasse.

Tipp: Wenn Sie einen Tontopf nehmen, der von unten geschlossen ist, können Sie diesen mit Wasserglas (Apotheke) ausglasieren. Dadurch wird er zur wasserdichten Vase, ein toller Sommerschmuck!

Efeutopf

Als Übertopf gerne genommen, aber auch in der Küche ein stilvoller Löffelhalter ist diese Topfvariante.
Mit Wasserglas (s. Tipp Muscheltopf) wird er zudem zur Blumenvase.

Material:
- lufttrocknende Modelliermasse in Weiß
- Patina in Weiß
- Stricknadel
- Klebstoff
- Pinsel

Anleitung:
Übertragen Sie Efeublätter auf die ausgerollte Modelliermasse.
Schneiden Sie diese mit dem Messer aus und ritzen Sie mit einer Stricknadel die Blattadern ein.
Lassen Sie die Blätter an dem Tontopf trocknen, damit sie die richtige Wölbung erhalten.
Nach dem Trocknen kleben Sie die Blätter am besten mit Heißkleber am Tontopf fest. Tragen Sie anschließend weiße Patina auf. Diese wischen Sie mit einem Papiertuch wieder ab, damit sie nur in den Vertiefungen sichtbar bleibt.

Dekodose

Für allerlei Krimskrams eignet sich diese dekorative Dose.

Material:
- Spandose 25 x 15 cm
- lufthärtende Modelliermasse in Weiß
- 1,10 m kariertes Schleifenband
- 0,35 m grünes Satinband
- Bastelfarbe in Weiß, Elfenbein, Grün und Braun
- Pinsel
- Klebstoff

Anleitung:
Grundieren Sie die Dose von außen in Elfenbein. Verdünnen Sie die grüne und braune Farbe 1:1 mit Wasser. Knüllen Sie nun ein Papiertuch stark zusammen. Tauchen Sie das Tuch leicht in die Farbe und tupfen Sie die Dose damit erst in Grün und dann in Braun ab.

Tipp: Nach jedem Eintauchen in die Farbe sollten Sie eine Probe auf einem hellen Karton erstellen. Sie vermeiden dadurch zu intensive Farbkleckse.
Rollen Sie Ihre Modelliermasse ca. 0,5 cm stark aus. Schneiden Sie sich eine Grundplatte heraus, auf der Sie die Traube aufbauen. Zeichnen Sie sich Weinblätter vor und übertragen Sie sie auf die Modelliermasse. Schneiden Sie diese aus, und ritzen Sie die Blattadern ein. Befestigen Sie die Blätter auf der Grundplatte.
Formen Sie nun ca. 30 Kügelchen in verschiedenen Größen. Schlickern Sie diese auf der Grundplatte fest. Die Stiele der Traube beste-

hen aus in sich gedrehten dünnen Teigbändern. Zeichnen Sie nun die Efeublätter vor, übertragen Sie diese auf die Modelliermasse und ritzen Sie die Blattadern ein. Nun können Sie die Einzelteile bemalen.

Zum Schluss wird alles noch ein wenig „ge-frostet". Tauchen Sie dazu einen trockenen Borstenpinsel in die weiße Farbe, und strei-chen Sie diese restlos in ein Papiertuch. Bürsten Sie jetzt leicht über die Traube und Blätter. Arrangieren Sie nun alle Einzelteile und kleben Sie diese fest. Das Band wird um den Deckel befestigt.
Binden Sie die Schleife einzeln und kleben Sie diese auf die Nahtstelle.

Seifenschale

Dieser Seifenbär bewahrt Ihre Seife dekorativ auf.

Material:
- Backton
- Bastelfarbe in Schwarz
- Pinsel
- Zahnstocher

Anleitung:
Kneten Sie den Ton gut durch und formen Sie ein Ei aus der Masse. Die Vorderfüße und die Ohren werden mit dem Daumen und den Zeigefingern herausgearbeitet. Drücken Sie die Augen mit einem Pinselstiel ein. Formen Sie die Nase zu einer Kugel und schlickern Sie diese fest.

Schneiden Sie nun den Rücken ab. Arbeiten Sie die Kanten ein wenig heraus. Ziehen Sie in die nun entstandene Mulde ein paar breite Rillen.

Abschließend – nach dem vollständigen Trocknen – wird das Teil bei 130 °C im Backofen gebacken.

Schmuckkette, Blütenmedaillon und Medaillonscheibe

Besonders auf hellen, schlichten Kleidungs-
stücken kommen die nachfolgenden
Schmuckteile gut zur Geltung.

Wählen Sie hierbei unbedingt Farben aus
Ihrer Farbpalette, die zu Ihrem Typ passen!

Material:

- lufttrocknende Modelliermasse
- Bastellack in Dunkelblau und Giftgrün
- 2 Lederbänder
- Motivstempel (Sonnenblume, Ecken-
  Ornament und Ethno-Schlange)
- 1 Kettenverschluss
- Nylondraht
- Plastikperlen in Gold
- Pinsel

Anleitung:
Schmuckkette

Formen Sie Perlen in verschiedenen Farben
von eckig, rund und flach bis hin zu läng-
lich und oval. Fädeln Sie die Perlen zum
Trocknen auf einen Schaschlikspieß auf.
Nach dem Trocknen und Schleifen wurden
diese Perlen nass in nass bemalt.
Zuerst mit Dunkelblau und anschließend
wurden in die noch nasse Farbe mit Giftgrün Akzente gesetzt.

Tipp: Es empfiehlt sich, die Perlen beim
Bemalen wieder auf den Schaschlikspieß
aufzufädeln.
Nach dem Trocknen werden die Perlen auf
Nylondraht aufgezogen und mit einem
Kettenverschluss verbunden.

Blütenmedaillon

Rollen Sie die Modelliermasse ca. 3 mm
stark aus und stechen Sie mit einem Ausstecher in Blütenform den Anhänger aus.
Bohren Sie ein Loch für das Lederband
durch. Drücken Sie nun den Sonnenblu-
menstempel mehrmals dicht beieinander in
den Anhänger.

Nach dem Trocknen grundieren Sie das
Teil mit Dunkelblau und brushen die
Blüten erst mit Giftgrün und anschließend
mit Gold.
Beim Brushen verwenden Sie einen Borstenpinsel, der nur ganz wenig Farbe
enthält, und malen damit ganz leicht über
die Ornamente.
Fädeln Sie nun das Lederband durch und
verknoten Sie dieses in entsprechender
Länge.

Medaillonscheibe

Rollen Sie die Modelliermasse ca. 3 mm
stark aus. Stechen Sie die Scheibe mit einem Ausstecher aus und stechen Sie
anschließend noch das Mittelloch aus.
Platzieren Sie den Schlangenstempel in die
Mitte und entlang der Ornamentstempel.
Setzen Sie mehrere Linien aus kleinen Ein-
stichen dazwischen.
Nach dem Trocknen wurde der Anhänger
mit den Farben Dunkelblau und Giftgrün
nass in nass bemalt.

Nach weiterem Trocknen der Farbe wurde
das Motiv zusätzlich noch mit Gold ge-
brusht (siehe hierzu Anhänger in Blütenform).

Fädeln Sie nun ein Lederband durch und
verknoten Sie es in entsprechender Länge.

Frühjahr und Ostern

Tulpen

Material:
- lufthärtende Modelliermasse in Weiß
- Schaschlikspieße für die Stiele
- Schleifenbänder
- Bastelfarbe in Blau und Grün
- Pinsel
- Klebstoff

Anleitung:
Formen Sie für jede Tulpe eine Kugel, Ø 15-20 mm, und für jedes Blütenblatt einen Kegel mit den Maßen 15 x 15 mm. Diesen drücken Sie dann flach zusammen, sodass ein Blütenblatt entsteht. Befestigen Sie die Blütenblätter an der Kugel.

Bohren Sie nun von unten ein kleines Loch, worin Sie später den Stiel befestigen können. Ein weiteres Loch wird von oben gebohrt, worin das Aufhängeband eingeklebt wird. Die Blätter fertigen Sie gemäß Vorlage an. Die untere Spitze wird leicht eingekerbt, damit das Blatt an den Stiel geklebt werden kann.

Trocknen Sie die Blätter auf einem Glas o.ä., damit es die gebogene Form erhält (Abb. 1).
Nach dem Trocknen können Sie die Teile zusammenkleben und bemalen.

Dekorieren Sie abschließend die Tulpen mit Bändern.

Schafe

Diese Schäfchen dürfen in keiner
Osterdekoration fehlen.
Beim Landhausstil finden sie zu-
dem das ganze Jahr über einen
Platz.
Besonders geeignet ist hierfür die
Küche oder die Diele.

Material:

- lufthärtende Modelliermasse in
  Weiß
- Bastelfarbe in Schwarz
- Pinsel
- Stricknadel/Gabel

Anleitung:

Für den Körper formen Sie ein
großes, für den Kopf ein kleines
Oval. Beide werden zusammengeschlickert.
Die Ohren sowie das Schwänzchen
werden geformt und anmodelliert.
Augen und Nase werden mit einer
Stricknadel eingeritzt. Der Körper
erhält seine Struktur durch das
Einritzen mit einer Gabel.
Nach dem Trocknen werden das
„schwarze Schaf" und die Augen
bemalt.

Huhn

Eine tolle Osterdekoration, aber auch ein ganzjähriger Küchen- oder Dielenschmuck. Wenn Sie das Huhn massiv arbeiten, eignet es sich prima als Türstopper.

Material:
- lufthärtende Modelliermasse in Weiß
- Styroporkugel
- Lackfarben in Gelb, Rot und Schwarz
- Pinsel

Anleitung:
Damit das Huhn gut steht, schneiden Sie ein Stück von der Styroporkugel ab. Umhüllen Sie die Kugel mit der Modelliermasse (s. Abb.). Modellieren Sie Kamm, Lappen, Schnabel, Flügel und Schwanz.

Schlickern Sie die Teile an die Kugel. Trocknungsrisse können Sie wieder mit Modelliermasse füllen.

Nach dem Trocknen bemalen Sie die modellierten Teile mit glänzenden Bastelfarben.

Blütenanhänger

Diese Anhänger sehen besonders hübsch an dem Haselzweig oder im Frühjahr im Birkenstrauch aus.
Für den Außenbereich sollten Sie in jedem Fall Ton verwenden.

Tipp: Wenn Sie zwei Löcher bohren, können Sie die Blumen auch als 3er oder 5er Kette ins Fenster hängen. Einfach ein bisschen farbigen Bast – schon fertig!

Material:

- lufttrocknende Modelliermasse in Weiß
- Bastelfarbe in Gelb, Orange und Grün
- Sprühlack, glänzend
- Bast zum Aufhängen
- Pinsel

Anleitung:

Rollen Sie die Modelliermasse ca. 3 mm stark aus. Stechen Sie mit dem Plätzchenausstecher die Blumen aus. Drücken Sie die Blütenblätter flach zusammen. Deuten Sie mit einem runden Gegenstand das Blüteninnere an, indem Sie die Form eindrücken.
Bohren Sie nun ein kleineres Loch zum Aufhängen.
Nach dem Trocknen werden die Anhänger in den entsprechenden Farben angemalt.

53

Advent und Weihnachten

Blumenstecker

Diese Blumenstecker verzieren sowohl Grünpflanzen als auch Tannengestecke. Ein ideales Mitbringsel in der Weihnachtszeit, das schnell gearbeitet ist.

Material:
- lufthärtende Modelliermasse in Terrakotta
- Jute
- Schleifenband
- Tanne
- Rundholz
- Bastelfarbe in Gold
- Pinsel

Anleitung:
Übertragen Sie die Umrisse von einem Stern, einer Tanne und einer Kerze auf die ausgerollte Modelliermasse. Schneiden Sie diese mit einem Messer aus.
Auf die noch weiche Modelliermasse legen Sie jetzt ein Stück Jute, das Sie leicht andrücken. So überträgt sich die Struktur und die Blumenstecker wirken schön rustikal. Dieser Eindruck wird durch die Karobänder noch verstärkt.
Bei der Kerze wird zusätzlich noch runtergelaufenes Wachs aufmodelliert.
Nach dem Trocknen kleben Sie von hinten ein Rundholz fest.
Wer es mag, kann die Dekoteile abschließend noch mit ein wenig Goldfarbe brushen - so wirken die Blumenstecker noch festlicher.

Kerzenhalter

Weihnachtsstimmung pur, denn Glanz und Glitzer lassen hier nicht nur die Kerzen leuchten.

Material:

- lufttrocknende Modelliermasse in Weiß
- Glitzersand - Farbe in Gold
- Schablone oder Ausstechform „Sterne"
- Pinsel
- Klebstoff

Anleitung:

Kneten Sie die Modelliermasse gut durch und rollen Sie sie anschließend aus. Schneiden Sie die Sterne aus.

Wenn die Teile ausgehärtet sind, wird das jeweils kleinere Teil auf das größere geklebt. Nach dem vollständigen Trocknen werden die Kerzenhalter mit Glitzersandfarbe bemalt.

**Breite
14 cm**

Teelichthalter

Dieser Teelichthalter eignet sich besonders gut für die Küchenfensterbank. Aber auch auf einem kleinen Beistelltischchen kommt er bestens zur Wirkung.

Material:
- Backton
- Schaschlikspieß

Anleitung:
Rollen Sie den Ton ca. 5 mm stark aus. Übertragen Sie eine Sternform auf den Ton.

Schneiden Sie den Stern aus. Picken Sie mit der Rückseite eines Schaschlikspießes an den Rändern kleine Vertiefungen. Umwickeln Sie nun mit einem Streifen Backton ein Teelicht. Schneiden Sie die Kanten bündig ab und glätten Sie diese mit ein wenig Wasser.
Schlickern Sie dieses Teil mittig auf den Stern.

Nach dem vollständigen Trocknen wird das Teil bei 130 °C im Backofen gebacken.

Kerzenlichthalter

Dieser weihnachtliche Schmuck bringt die Gemütlichkeit in unsere Stuben zurück – ein verträumtes Winterhaus in verschneiter Landschaft.

Material:
- lufthärtende Modelliermasse in Terrakotta
- Glitzerliner in Gold
- Bastellack in Gold
- Gabel
- Stricknadel
- Pinsel

Anleitung:
Für die Grundplatte rollen Sie die Modelliermasse aus und schneiden ein Oval aus. Das Haus besteht aus einem Quader und einem Dreieck. Beide Teile werden zusammengeschlickert.

Für die Tanne formen Sie aus der Modelliermasse einen unregelmäßigen Kegel. Mit einer Gabel wird die Struktur eingeritzt.

Der Kerzenhalter hat die Form eines Sterns, den Sie aus einem dicken Stück Modelliermasse ausschneiden.

Für die Kerzenöffnung schneiden Sie ein Loch heraus. Dieses muss etwas größer sein als die Kerze, da die Modelliermasse beim Trocknen schrumpft. Schlickern Sie jetzt die einzelnen Teile auf die Grundplatte und deuten Sie mit einer Stricknadel die Fußstapfen im Schnee an.

Nach dem Trocknen wird der Stern mit dem Bastellack angemalt.
Nun können Sie die Winterszene mit etwas Glitzerliner in Gold kolorieren.

Adventsgesteck

In der Vorweihnachtszeit darf ein Adventsgesteck nicht fehlen. Warum nicht einmal eines mit 4 selbstmodellierten Dekoteilen? Für diese rustikale Variante benötigen Sie nur Salzteig und etwas Phantasie.

Material:
- Salzteig
- künstliche Tanne, Äpfel, Birnen, Hopfen
- Beerenpik
- Bastband
- Juteband
- 4 Holzkerzen in verschiedenen Längen
- Steckschaum
- Korkscheibe o.ä.
- Draht

Anleitung:
Fertigen Sie aus dem Salzteig etwa acht Gebäckstücke an, z.B. Brote, Zöpfe, Kringel, Brezeln und Brötchen. Bohren Sie in jedes Teil zur späteren Befestigung ein kleines Loch.

Während des Backens können Sie das Gesteck anfertigen.

Befestigen Sie dazu den Steckschaum auf einer Korkplatte o.ä. Beginnen Sie mit dem Stecken der Tanne von unten nach oben, sodass eine Halbkugel entsteht.

Auf dem Mittelpunkt befestigen Sie die vier Kerzen. Binden Sie aus dem Juteband zwei Schleifen und befestigen Sie sie. Verteilen Sie nun die Äpfel, Birnen etc. gleichmäßig im Gesteck.
Ist Ihr Salzteig-Gebäck fertig, können Sie in die vorbereiteten Löcher einen Draht kleben. Binden Sie um jeden Draht eine Bastschleife.
Nun können Sie Ihr Gebäck einarbeiten.

Lebkuchenanhänger

Da riecht man fast den Duft von Zimt und Koriander, so echt sehen diese Kuchen aus.

Material:
- Backton
- Bastelfarbe in Hellbraun, Braun und Dunkelbraun
- 3-D-Stift in Weiß
- Naturbast zum Aufhängen
- Pinsel

Anleitung:

Rollen Sie den Backton ca. 5 cm stark aus. Übertragen Sie die Teile gemäß Vorlage auf den Ton. Nach dem Ausschneiden können Sie die Ränder mit etwas Wasser glätten.

Für die dickeren Brezel rollen Sie die zu den Enden dünner werdende Schnur und legen diese zu einem Brezel zusammen.

Nach dem Trocknen werden die Teile gebacken und abschließend bemalt.

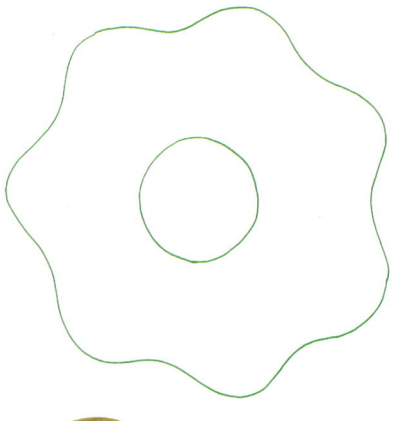

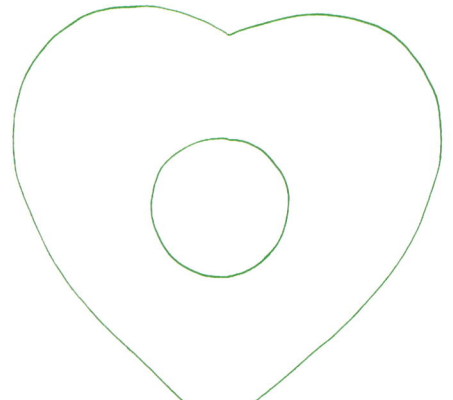

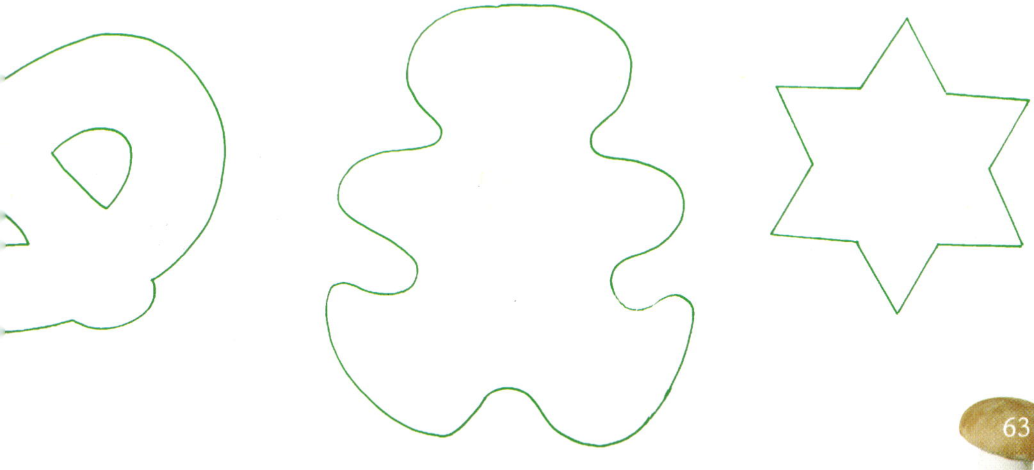